SITZUNGSBERICHTE DER SÄCHSISCHEN AKADEMIE
DER WISSENSCHAFTEN ZU LEIPZIG

Mathematisch-naturwissenschaftliche Klasse
Band 110 · Heft 6

GUSTAV E. R. SCHULZE

ZUR ROLLE DES EINFACHHEITSPRINZIPS IM PHYSIKALISCHEN WELTBILD

AKADEMIE-VERLAG · BERLIN
1974

SITZUNGSBERICHTE DER SÄCHSISCHEN AKADEMIE
DER WISSENSCHAFTEN ZU LEIPZIG

Mathematisch-naturwissenschaftliche Klasse
Band 110 · Heft 6

GUSTAV E. R. SCHULZE

ZUR ROLLE
DES EINFACHHEITSPRINZIPS
IM PHYSIKALISCHEN WELTBILD

Mit 4 Abbildungen

AKADEMIE-VERLAG · BERLIN
1974

Vorgetragen in der Sitzung am 14. Mai 1973
Manuskript eingereicht am 2. Juli 1973
Druckfertig erklärt am 21. Februar 1974

Erschienen im Akademie-Verlag, 108 Berlin, Leipziger Straße 3–4

Lizenznummer: 202 · 100/540/74
Gesamtherstellung: VEB Druckhaus „Maxim Gorki", 74 Altenburg
Bestellnummer: 761 960 1 (2027/110/6) · LSV 1105
Printed in GDR

EVP 2,50

INHALTSVERZEICHNIS

Einführung

Der Wortlaut des Themas erfordert einige Erläuterungen.

Zunächst: Was soll unter „Einfachheitsprinzip" verstanden werden? Lassen Sie mich dies durch Äußerungen führender Physiker umreißen:

PLANCK [1a] schreibt in seinem Aufsatz „Zur Geschichte der Auffindung des physikalischen Wirkungsquantums", daß nach seiner Überzeugung ein Naturgesetz um so *einfacher* lautet, je umfassender es ist.

Im gleichen Sinn heißt es in dem Büchlein „The evolution of physics" von EINSTEIN und INFELD [2]: „Bestimmt glaubt er (ein Forscher) aber, daß seine Vorstellung von der Welt *immer einfacher* wird, je mehr sein *Horizont* sich *weitet* ..."

BORN [3] hatte in einer EINSTEIN übersandten Schrift geäußert: „In regard to simplicity opinions will differ in many cases. Is Einstein's law of gravitation simpler than Newton's? Trained mathematicians will answer yes, meaning the logical simplicity of the foundations, while others will say emphatically no, because of the horrible complication of the formalism." EINSTEIN machte dazu die Randbemerkung: „Es kommt doch nur auf die logische Einfachheit der Grundlagen an."

Nach HEISENBERG [4] ist „das wichtigste Wahrheitskriterium unserer Wissenschaft die am Schluß stets aufleuchtende Einfachheit der Naturgesetze".

Diese Zitate seien mit dem Hinweis abgeschlossen, daß sich schon bei ARISTOTELES und anderen Gelehrten des Altertums der Satz findet: „Die Natur tut nichts Überflüssiges oder Vergebliches". Damit ist wohl deutlich, was hier unter Einfachheitsprinzip verstanden werden soll und außerdem, daß es angesichts der verschiedenen Varianten der Auffassung nicht angemessen wäre, die Betrachtungen durch eine präzise Formulierung einzuengen. Die Mannigfaltigkeit der Ansichten wird noch größer, wenn man etwa folgende Mitteilung des holländischen Physikers CASIMIR [5] berücksichtigt: DIRAC „sagte ganz unmißverständlich, daß für ihn die Schönheit von Gleichungen immer die stärkste treibende Kraft gewesen sei".

Ich hörte eine ähnliche Äußerung von PLANCK: Nach der Bewährung der allgemeinen Relativitätstheorie gefragt, antwortete er etwa: Die experimentellen Bestätigungen seien wohl noch nicht ausreichend, aber die ganze Theorie sei so schön, daß sie sicher richtig sei. Als ich viel später diese Äußerung einmal Heisenberg mitteilte, bezeichnete er sie als „eigentlich für jeden unmittelbar einleuchtend, der theoretische Physik in eigener Forschung betrieben hat". In einem Vortrag [6] vor der Bayrischen Akademie der Künste über „Die Bedeutung des Schönen in der exakten Naturwissenschaft" steht der Satz: „Die Bedeutung des Schönen für die Auffindung des Wahren ist zu allen Zeiten anerkannt und hervorgehoben worden." Ferner wird dort der Zusammenhang zwischen Schönem und Einfachem näher diskutiert. Wir müssen uns hier aber mit diesem Hinweis begnügen.

Nun zum zweiten im Vortragstitel genannten Begriff, zum „physikalischen Weltbild". Ausgangspunkt und Grundlage aller Physik sind Beobachtungen und Messungen, also letzten Endes sinnliche Wahrnehmungen, und jeder Physiker — abgesehen von extremen Positivisten — nimmt die Existenz einer von ihm unabhängig bestehenden realen Außenwelt an; von ihr erhält er durch jene Kunde, und ihre physikalischen Gesetzmäßigkeiten zu erforschen, ist sein eigentliches Bestreben. Zwischen der Welt der Sinneswahrnehmung und der realen Außenwelt steht als Bindeglied das physikalische Weltbild. In diesem werden die Beobachtungen geordnet und mit Hilfe geeignet erdachter Begriffe (z. B. Energie, Drehimpuls, Entropie, elektromagnetisches Feld) gesetzmäßige Beziehungen zwischen ihnen formuliert. Insofern diese Begriffe Bestandteile des physikalischen Weltbildes sind und von ihrer zweckmäßigen Prägung die Einfachheit der erhaltenen Gesetze in hohem Maße abhängt, bezieht sich die Frage nach der Rolle des Einfachheitsprinzips wesentlich auf das physikalische Weltbild. Da dieses die jeweiligen Ergebnisse der physikalischen Forschung enthält, ist es zeitlich veränderlich, und von seiner Fortentwicklung wird ein immer besseres Verständnis der realen Außenwelt erwartet.

Zu der oft gestellten Frage, ob eine über die vollständige Beschreibung der Beobachtungen hinausgehende Aufgabenstellung überhaupt Aussicht auf Lösung habe, lassen Sie mich bitte den Eingangsabschnitt aus Plancks „Wissenschaftlicher Selbstbiographie" [1 b] zitieren: „Was mich zu meiner Wissenschaft führte und von Jugend auf für sie begeisterte, ist die durchaus nicht selbstverständliche Tatsache, daß unsere Denkgesetze übereinstimmen mit den Gesetzmäßigkeiten im Ablauf der Eindrücke, die wir von der Außenwelt empfangen, daß es also dem Menschen möglich ist, durch reines Denken Aufschlüsse über jene Gesetzmäßigkeiten zu gewinnen. Dabei ist von wesentlicher Bedeutung, daß die Außenwelt etwas von uns Unabhängiges,

Absolutes darstellt, dem wir gegenüberstehen, und das Suchen nach den Gesetzen, die für dieses Absolute gelten, erschien mir als die schönste wissenschaftliche Lebensaufgabe."

Wir sind überzeugt, daß sich das physikalische Weltbild allmählich der Wirklichkeit nähert: als Beleg dafür hat PLANCK wiederholt angeführt, daß die Zahlenwerte grundlegender Naturkonstanten im Laufe der Zeit einem bestimmten Wert zustreben. Wenn man in diesem Sinn von einer Konvergenz des physikalischen Weltbildes sprechen will, muß man sich darüber klar sein, daß der „Konvergenzpunkt" natürlich nicht die reale Welt insgesamt sein kann, sondern nur ein kleiner Ausschnitt aus ihr, die „Physikalische Welt". Denn das physikalische Weltbild enthält nur solche Aussagen über die Welt, die der Nachprüfung durch *physikalische* Methoden standhalten. In ihm fehlt also notwendigerweise alles das, was auf diese Weise nicht nachprüfbar ist. So selbstverständlich diese Feststellung klingt, so leicht bleibt sie unbeachtet, z. B. wenn jemand aus dem Fehlen bestimmter Sachverhalte im physikalischen Weltbild ihre Nichtexistenz folgern möchte. Sie bleibt wohl auch richtig, wenn man das Wort „physikalisch" durch „naturwissenschaftlich" ersetzt. Denn auch das naturwissenschaftliche Weltbild kann nur einen kleinen, wenn auch gegenüber dem physikalischen erweiterten, Ausschnitt der realen Welt näherungsweise darstellen.

Was nun die Rolle des Einfachheitsprinzips im physikalischen Weltbild betrifft, so ist sie schon in zweifacher Hinsicht sichtbar geworden. Selbst wenn man die Aufgabe des physikalischen Weltbildes allein in der Darstellung der Beobachtungen sähe, bestände die Forderung, sie solle möglichst *einfach* und vollständig erfolgen.

Die viel bedeutendere Rolle wird dem Einfachheitsprinzip im physikalischen Weltbild jedoch durch die Aufgabe zugeteilt, ein möglichst umfassendes Verständnis der realen Welt zu liefern. Denn wenn die allgemeinen Naturgesetze einfach sind, so ist damit erstens eine Richtung angegeben, in der neue zu suchen sind, und zweitens eine Bedingung, die sie erfüllen müssen.

Ich möchte diesen Sachverhalt durch einige Beispiele belegen:

1. Die Auffindung der Gesetze der Planetenbewegung, ein Problem, das im Rahmen des Weltbildes als besonders markant gelten kann und als erstes gelöst wurde.

2. PLANCKS Auffindung des Strahlungsgesetzes, die zur Entdeckung des elementaren Wirkungsquantums und damit zur Geburtsstunde der modernen Physik führte.

Weiter möchte ich noch zwei Beispiele bringen, die die Grenzen des Einfachheitsprinzips deutlich machen:

3. Der unterschiedliche Charakter der Deutung elastischer und plastischer Verformung.
4. Einige Ergebnisse der musikalischen Akustik.

1. Die Gesetze der Planetenbewegung

Im Jahre der 500. Wiederkehr von KOPERNIKUS' Geburtstag steht jedermann die Bedeutung der gewaltigen — durch sein Werk ausgelösten — Wandlung in der Weltauffassung, der Übergang von dem geozentrischen Ptolemäischen zum heliozentrischen Weltbild, besonders deutlich vor Augen. Weniger klar ist man sich aber meist darüber, daß zu KOPERNIKUS' Zeiten fast alle Tatsachen, die wir als Beweise für die Richtigkeit seiner Auffassung anführen, noch gar nicht bekannt waren: die Aberration des Fixsternlichtes (BRADLEY 1728), die Parallaxe der Fixsterne (BESSEL 1838), der FOUCAULTsche Pendelversuch (1851).

Übrigens hatte selbst der Meister astronomischer Beobachtungen im 16. Jahrhundert, TYCHO DE BRAHE, noch vergeblich nach der Fixsternparallaxe gesucht, ebenso wie 2000 Jahre früher der erste Vertreter eines heliozentrischen Weltsystems, ARISTARCH VON SAMOS (310—230), und wie auch der vielleicht größte Astronom des Altertums, HIPPARCH VON NIKÄA (180—125). Aber die Ursache dafür, daß das heliozentrische Weltbild ARISTARCHS gegenüber dem geozentrischen des PTOLEMÄUS (85—165) ganz in den Hintergrund trat und fast in Vergessenheit geriet — immerhin wird es von KOPERNIKUS erwähnt —, liegt wohl zum großen Teil darin, daß PTOLEMÄUS auf Grund seines quantitativ ausgearbeiteten Systems die Sternbewegung mit beachtlicher Genauigkeit berechnen konnte, so daß seine Tafeln für navigatorische Zwecke zum Teil noch heute in Gebrauch sein sollen.

KOPERNIKUS (1473—1543) arbeitete in ähnlicher Weise seine Vorstellungen bis zu einem Grade aus, daß auf dieser Grundlage neue Sterntafeln errechnet werden konnten, was allerdings erst nach seinem Tode durch ERASMUS REINHOLD, Professor der Mathematik und Astronomie in Wittenberg, geschah (1551). Diese sogenannten prutenischen oder preußischen Tafeln erwiesen sich den älteren in der Tat überlegen, aber KOPERNIKUS hat es nicht mehr erlebt.

Welche Gründe überzeugten ihn von der Richtigkeit seiner Idee? Hier spielt sein Glaube an die platonische Lehre, daß die Himmelserscheinungen ausschließlich durch die vollkommenste Bewegung, die Kreisbewegung mit konstanter Geschwindigkeit, also durch eine besonders einfache Bewegung, beschrieben werden müßten, eine ausschlaggebende Rolle. Ein solches Weltbild hatte PLATOS Schüler, der große Mathematiker und Vorläufer EUKLIDS, EUDOXOS entworfen, ARISTOTELES hatte es erweitert: Eine große Zahl (55) konzentrischer Sphären, deren Mittelpunkte mit dem Erdmittelpunkt zu-

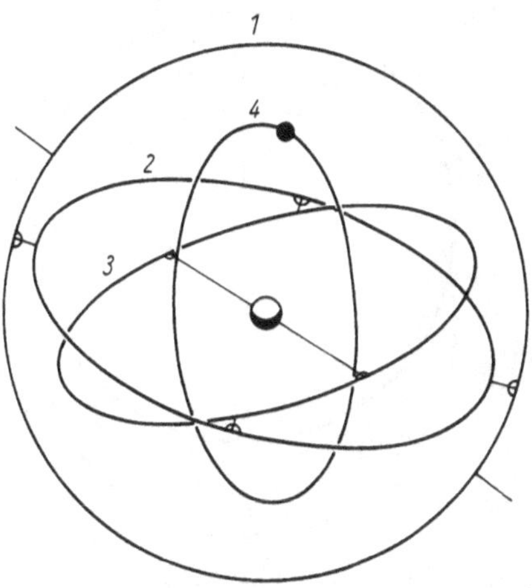

Abb. 1. EUDOXOS' Weltsystem. Die Sterne (z. B. schwarze Kugel) sind an konzentrische Sphären geheftet, in deren Mittelpunkt die Erde (weiße Kugel) steht. Die durch Kreise dargestellten Sphären, deren äußerste die Fixsterne trägt, drehen sich um unterschiedliche Achsen mit unterschiedlichen, aber zeitlich konstanten Geschwindigkeiten.

sammenfallen, drehen sich um verschiedene Achsen mit unterschiedlicher, aber zeitlich konstanter Geschwindigkeit und liefern dadurch die beobachtete Planetenbewegung (Abb. 1). Die Notwendigkeit, eine genaue Übereinstimmung mit der Erfahrung zu erreichen, zwang im Laufe der 500 Jahre zwischen EUDOXOS und PTOLEMÄUS dazu, Kreise zuzulassen, deren Mittelpunkt vom Erdmittelpunkt verschieden ist (Exzenter), sowie Epizyklen und Äquanten (Ausgleichskreise) einzuführen.

Aber selbst durch die Einführung der Ausgleichskreise wurde die Forderung nach gleichförmiger Kreisbewegung höchstens in sehr formaler Weise befriedigt, wenn man sie überhaupt noch als erfüllt ansehen will: Der Epizykel-Mittelpunkt (E) durchläuft zwar eine Kreisbahn (den Deferenten), aber mit ungleichförmiger Geschwindigkeit. Gleichförmig ist die Bewegung allerdings bezüglich eines anderen Kreises (Ausgleichskreis), das heißt, der Planet durchläuft den Epizykel gleichförmig zur Richtung VEA_1, aber nicht zu CEA (Abb. 2).

Dazu sagt KOPERNIKUS [7]: „Als mir diese Mängel klargeworden waren, dachte ich oft darüber nach, ob vielleicht ein vernünftigeres System von Kreisbahnen zu finden sei, das die beobachteten Ungleichmäßigkeiten ab-

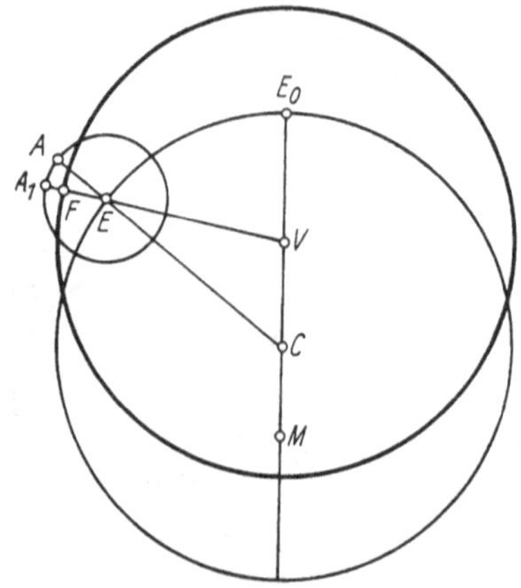

Abb. 2. Der Planet läuft auf dem Epizykel (kleiner dünner Kreis) um. Dessen Mittelpunkt E läuft auf dem Deferenten (großer dünner Kreis mit Mittelpunkt C) ungleichförmig um derart, daß sich zwar nicht der Winkel E_0CE proportional zur Zeit ändert, wohl aber der Winkel E_0VE. Der stark gezeichnete Ausgleichskreis (Mittelpunkt V) wird also von F gleichförmig durchlaufen.

zuleiten gestattete und in dem jede Bewegung gleichförmig um ihr eigenes Zentrum erfolgt, wie es das Gesetz absoluter Bewegung fordert. Nachdem ich mich diesem sehr schwierigen, fast unlösbaren Problem zugewandt hatte, kam mir schließlich der Gedanke, wie es mit weniger und viel einfacheren Konstruktionen als den früheren gelöst werden könne ..."

KOPERNIKUS erreichte dies bekanntlich, um mit KANT zu reden, durch die „Kopernikanische Wende", daß er — wie schon ARISTARCH VON SAMOS — die Erde an der Planetenbewegung teilnehmend und die Sonne stillstehend dachte. Auf diese Weise konnte er ohne Ausgleichskreise auskommen und somit dem PLATOschen Prinzip der vollkommenen Bewegung in Strenge Rechnung tragen. Jedoch mußte er, um trotz dieser Beschränkung auf gleichförmige Kreisbewegungen eine hinreichend genaue Wiedergabe der

Beobachtungen zu erreichen, Exzentren und Epizyklen beibehalten und zwar in erheblicher Anzahl, so daß das vollständig ausgearbeitete Kopernikanische System kaum einfacher als das Ptolemäische ist. KOPERNIKUS selber scheint auch am Ende seines Lebens weder in einer Vereinfachung des Weltsystems, noch im Übergang zum heliozentrischen Weltbild sein Verdienst gesehen zu haben, sondern vielmehr in der Vermeidung der Äquanten, deren Benutzung er als Sünde wider den Geist PLATOS empfand. Er meinte also, der Nachweis der Gültigkeit des einfachen PLATOschen Grundprinzips der vollkommenen Bewegung sei ihm gelungen, wenn er auch die anfangs erhoffte Vereinfachung des Systems nicht erreicht habe.

Es gehört zu KEPLERS kaum hoch genug einzuschätzenden Leistungen, daß er auf Grund des Beobachtungsmaterials von BRAHE in bewundernswerter, unsäglich mühevoller Arbeit erkannte, die Planetenbahnen seien von Kreisen wenig verschiedene Ellipsen, in deren einem Brennpunkt die Sonne stehe. Damit erzielte er eine entscheidende Vereinfachung des Bildes des Planetensystems, das allerdings nicht dem antiken Postulat der vollkommenen Bewegung entspricht.

KEPLERS Ellipsen werden von den Planeten nicht mit konstanter, sondern mit veränderlicher Geschwindigkeit durchlaufen. Die Bahngeschwindigkeit, die bei Aufgabe des Postulates konstanter Geschwindigkeit zunächst als neue verfügbare Größe erscheint, wird sofort in äußerst einfacher Weise durch KEPLERS zweites Gesetz festgelegt, modern ausgedrückt, durch den Erhaltungssatz des Drehimpulses, den wir heute als Folge der Isotropie des Raumes ansehen.

Diese Veränderlichkeit der Planetengeschwindigkeit hat nach KEPLER eine bemerkenswerte Folge: Wie er in seiner Harmonice mundi eingehend auseinandersetzt, liegen der Planetenbewegung die gleichen Zahlengesetze zugrunde wie den musikalischen Harmonien; allerdings gibt es im Himmel keine Töne, „dort ist die Bewegung nicht wirbelnd“, sagt er, „daß Schall aus der Reibung des Himmelsstoffes entstehen könnte“. Während nun bei Planetenbewegung mit konstanter Geschwindigkeit ein einziger Dauerakkord zu hören wäre, würde die Veränderung der Geschwindigkeit zwischen einem Minimal- und einem Maximalwert zu veränderlichen Akkorden führen, zu einer wahren „Sphärenmusik“, die KEPLER durch Notenbeispiele illustriert hat (Abb. 3).

Die höchste und letzte Stufe der Vereinfachung der Planetenbewegung wurde durch die NEWTONsche Mechanik erreicht (wenn wir von deren relativistischer Verallgemeinerung einmal absehen). Bei ihrer Anwendung auf die Planetenbewegung ist in das Grundgesetz einzig die Gravitationskraft Sonne/Planet — aber nicht etwa noch eine Reibungskraft — einzusetzen, und insofern hat man gedanklich besonders einfache Verhältnisse, wenn auch gelegentlich die Notwendigkeit, zur Erreichung der gewünschten Genauigkeit den Einfluß von mehr als einem Himmelskörper auf den betrachteten zu berücksichtigen, große mathematische Schwierigkeiten machen kann. Immer ist es aber gelungen, beobachtete Bahnabweichungen — ohne Zusatzannahmen zur Theorie — durch solche „Störungen" zu erklären, bisweilen auch hervorgerufen durch bis dahin noch nicht bekannte Himmelskörper. Auf diese Weise wurden die Planeten Uranus (1781 Herschel), Neptun (1846 Galle) und Pluto (1930 Tombaugh) entdeckt.

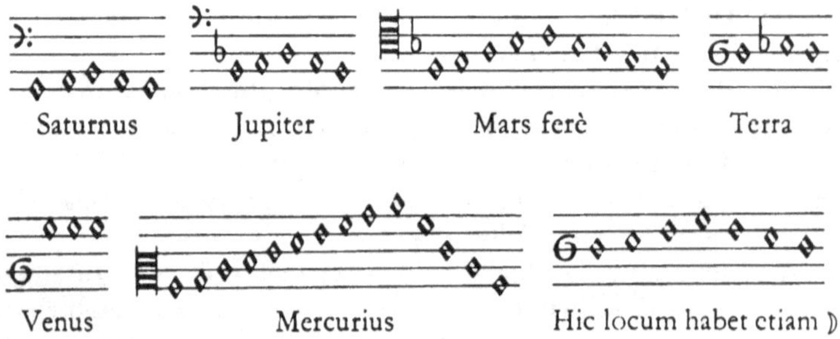

Abb. 3. Tonstufen, welche die einzelnen Planeten zwischen der Minimalgeschwindigkeit im Aphel und der Maximalgeschwindigkeit im Perihel durchlaufen. Der tiefste Ton entspricht jeweils der Minimalgeschwindigkeit.
(Aus Johannes Kepler, Harmonice mundi, liber V, caput VI [8].)

Da das Newtonsche Bewegungsgesetz aber nicht nur für die Bewegungen der Planeten und Kometen gilt, sondern für jede Bewegung, wo immer und unter welcher Krafteinwirkung sie auch erfolgen mag, gestattet es die Zurückführung des Vielen auf das Eine in hohem Maße und gilt mit Recht als Musterbeispiel eines sehr einfachen Naturgesetzes mit großem Gültigkeitsbereich. Aber wenn auch das Gesetz selber einfach ist, so trifft dies keineswegs für die von ihm beherrschten Bewegungen zu, sobald die Kräfte nicht mehr mindestens näherungsweise einfach sind, wie dies bereits angedeutet wurde.

2. Ableitung des Strahlungsgesetzes

Es handelt sich um folgendes Problem: Ein genügend stark erhitzter Körper, z. B. der Draht einer Glühlampe, strahlt Licht aus; bei mäßiger Temperatur rotes, bei etwas höherer überwiegend gelbes, und bei sehr hoher

Temperatur kommt auch grünes und blaues hinzu, so daß das ausgestrahlte Licht insgesamt weiß erscheint. Die Frage liegt nahe: Mit welcher Intensität werden bei einer bestimmten Temperatur die einzelnen Farben ausgestrahlt? Die Antwort wird für einen glühenden Eisenstab anders lauten als für einen Wolframdraht, aber das Interessante ist, daß sie unabhängig von dem Material des Strahlers wird, wenn man nur dafür sorgt, daß er alles von außen auf ihn fallende Licht vollständig absorbiert, also schwarz ist. Diese Tatsache, daß bei einem schwarzen Körper die auf eine bestimmte Farbe oder — physikalisch gesprochen — Wellenlänge entfallende Strahlungsintensität einzig und allein durch die Temperatur bestimmt ist, mithin durch eine universelle Temperaturfunktion dargestellt wird, hatte schon KIRCHHOFF (1860) erkannt.

Wegen dieser Abhängigkeit von nur zwei veränderlichen Größen (Temperatur und Wellenlänge) ist das Strahlungsgesetz hinsichtlich der Zahl der Variablen von vornherein einfach, wie die fragliche Abhängigkeit auch aussehen mag. Man beachte aber, daß diese Einfachheit durch eine Idealisierung erkauft ist, denn in Wirklichkeit existiert natürlich kein vollkommen schwarzer Körper.

In welchem Maße PLANCK beim Auffinden seiner Strahlungsformel für den schwarzen Körper durch das Einfachheitsprinzip geleitet — und interessanterweise auch vorübergehend irregeführt — worden ist, entnehmen wir am besten seiner eigenen Darstellung in seinem Nobel-Vortrag [1c]. Dazu ist aber noch eine kurze Erläuterung der dort auftretenden Größe R zweckmäßig: Als Quellen der Strahlung werden in idealisierender Weise einfachste schwingungsfähige Gebilde, sogenannte „harmonische Oszillatoren", betrachtet. PLANCK schreibt in seiner wissenschaftlichen Selbstbiographie [1d] dazu: „In der Tat kamen mir meine früheren Studien über den 2. Hauptsatz der Wärmetheorie dadurch zugute, daß ich gleich von vornherein darauf verfiel, nicht die Temperatur, sondern die Entropie des Oszillator mit seiner Energie in Beziehung zu bringen." Die fragliche Größe R ist nun der reziproke Wert der zweiten Ableitung der Entropie S nach der Energie U: $R = 1 : (d^2S/dU^2)$. Für diese gewiß nicht sehr anschauliche Größe fand PLANCK allerdings sehr einfache Beziehungen zur Energie. Doch hören wir ihn darüber selbst:

„Da es sich bei dem ganzen Problem um ein universelles Naturgesetz handelt und da ich damals, wie noch heute, von der Ansicht durchdrungen war, daß ein Naturgesetz um so einfacher lautet, je allgemeiner es ist, wobei allerdings die Frage, welche Formulierung als die einfachere zu betrachten ist, nicht immer zweifelsfrei und endgültig entschieden werden kann, so glaubte ich eine Zeitlang in dem Satz, daß die Größe R der Energie proportional ist, das Fundament des ganzen Energieverteilungsgesetzes erblicken zu sollen. Diese Auffassung erwies sich aber bald den Ergebnissen neuerer Messungen gegenüber als unhaltbar. Während sich nämlich für kleine Werte der Energie bzw. für kurze Wellen das WIENsche Gesetz auch in der Folge ausgezeichnet bestätigte, stellten für längere Wellen zuerst O. LUMMER und E. PRINGSHEIM merkliche Abweichungen fest, und vollends die von H. RUBENS und F. KURLBAUM mit den ultraroten Reststrahlen von Flußspat und Steinsalz ausgeführten Messungen offenbarten ein total verschiedenartiges, aber ebenfalls unter Umständen wieder höchst einfaches Verhalten, welches sich dahin charakterisieren läßt, daß die Größe R nicht der Energie, sondern dem Quadrat der Energie proportional ist, und zwar mit um so größerer Genauigkeit, zu je größeren Energien und Wellenlängen man übergeht.

So waren nun durch direkte Erfahrung für die Funktion R zwei einfache Grenzen festgelegt: für kleinere Energien Proportionalität mit der Energie, für große Energien Proportionalität mit dem Quadrat der Energie. Nichts lag daher näher, als für den allgemeinen Fall die Größe R gleichzusetzen der Summe eines Gliedes mit der ersten Potenz und eines Gliedes mit der zweiten Potenz der Energie, so daß für kleine Energien das erste, für große Energien das zweite Glied ausschlaggebend wird, und damit war die neue Strahlungsformel gefunden."

Sie war also zunächst nur „eine glücklich erratene Interpolationsformel", wie PLANCK fortfährt, und es kostete ihn noch einige Wochen der angespanntesten Arbeit seines Lebens, bis er eine theoretisch begründete Ableitung vorlegen konnte, die ihn bekanntlich zur Einführung des elementaren Wirkungsquantums geführt hat. Halten wir fest: Die damit vollzogene Begründung der modernen Physik hatte — historisch gesehen — die „Interpolationsformel" zur Voraussetzung, und diese war auf Grund des Glaubens an die Einfachheit allgemeiner Naturgesetze gefunden worden.

Wir haben bei den betrachteten Beispielen gesehen, daß zwei Prinzipien zum Auffinden einfacher Gesetzmäßigkeiten beitragen: 1. Die Schaffung geeigneter Begriffe, meist von steigender Abstraktion (Drehimpuls, Entropie) und 2. die Idealisierung der wirklichen Vorgänge (reibungslose Bewegung, schwarze Strahlung). Während man für das Fortschreiten auf dem ersten Wege kein prinzipielles Hindernis erkennt, sofern man den Verlust an Anschaulichkeit in Kauf zu nehmen bereit ist, findet die Idealisierung natürlich dadurch eine Grenze, daß auch unter idealisierten Bedingungen erhaltene Ergebnisse noch im Hinblick auf die realen Verhältnisse Bedeutung haben müssen. Das sollen die folgenden Beispiele illustrieren.

3. Elastische und plastische Verformung von Metallen

Hängt man an einen Eisendraht ein kleines Gewichtsstück, so dehnt er sich ein wenig aus und zieht sich nach Wegnehmen des Gewichtsstückes wieder auf seine ursprüngliche Länge zusammen: Die Dehnung erfolgte elastisch. Wendet man aber eine große Belastung an, so bleibt auch nach deren Wegnehmen eine Dehnung zurück. Auf der Möglichkeit, Metalle durch eine solche plastische Verformung in eine gewünschte Gestalt zu bringen, beruht zu einem großen Teil ihre Eignung als Werkstoff. Von ihr machen die Menschen seit Jahrtausenden Gebrauch, d. h., so lange sie aus Metallen Waffen, Werkzeuge und Gebrauchsgegenstände herstellen. Dennoch sind die physikalischen Grundlagen der plastischen Verformung erst in den letzten Jahrzehnten verstanden worden, während für die elastische Verformung das HOOKEsche Gesetz schon vor 300 Jahren gefunden wurde. E. SCHMID, der große Verdienste um die Aufklärung der Plastizität besitzt, schrieb noch 1929 in einem gemeinsamen Aufsatz [9] mit M. POLANYI: „Noch immer ist es unbekannt, wodurch jenes Versagen fester Körper bedingt ist, das als Zerreißen oder Verformung wahrgenommen wird, wenn das Material über ein gewisses Maß angespannt wird."

Was ist die Ursache dieser unterschiedlichen Situation? Sie liegt meines Ermessens zum großen Teil in der verschiedenen Eignung beider Phänomene zur Idealisierung, und zwar kann man die elastischen Kennwerte eines Stoffes in guter Näherung als von seiner Vorgeschichte unabhängig ansehen, die plastischen im allgemeinen jedoch nicht.

Beispielsweise ist das Volumen eines Stückes Eisen durch Druck und Temperatur vollständig festgelegt, also von seiner Vorgeschichte unabhängig, ebenso der sein elastisches Verhalten bestimmende Elastizitätsmodul. Wenn man solche Größen in Abhängigkeit von Druck und Temperatur einmal ermittelt hat, wie es für Eisen natürlich längst geschehen ist, so ist damit das elastische Verhalten jeden Stückes Eisen unter beliebigen Bedingungen angebbar.

Im Gegensatz dazu beruht die Plastizität auf einem bestimmten Typ von Kristall-Baufehlern, den Versetzungen, die praktisch in jedem Metall vorhanden sind. Aber ihre Anzahl und räumliche Verteilung sind nicht durch die augenblicklichen Werte von Druck und Temperatur festgelegt, sondern hängen stark von der Vorgeschichte der betrachteten Metallprobe ab. Wurde sie ganz langsam aus der Schmelze abgekühlt, so enthält sie weniger Versetzungen, als wenn sie plötzlich abgeschreckt oder als wenn die langsam abgekühlte Probe anschließend einer Verformung unterworfen wurde.

Infolgedessen weist diese *eine* Probe nach den drei genannten Behandlungsmethoden ein ganz verschiedenes plastisches Verhalten auf: Dieses hängt von der Vorgeschichte der speziell betrachteten Probe ab und kann deshalb nicht so einfachen Gesetzen gehorchen wie die vorgeschichts*un*abhängige Elastizität.

4. Musikalisch-akustische Probleme

Vielleicht noch deutlicher als in den soeben besprochenen Beispielen zeigt sich die Grenze der Idealisierbarkeit eines physikalischen Sachverhaltes in der letzten Beispielgruppe, die ich der musikalischen Akustik entnehmen möchte. Natürlich beschränken wir uns dabei auf die physikalische Seite, reden also nur von den physikalischen Entsprechungen der Tonhöhen- und Klangfarbeempfindungen und nicht von diesen Empfindungen selbst. An diesen Beispielen liegt mir besonders deshalb, weil sie auch im Hinblick auf die eingangs erwähnten Beziehungen zwischen Einfachheit und Schönheit aufschlußreich sind.

Schon PYTHAGORAS oder zumindest seiner Schule war bekannt, daß die Saite eines Musikinstrumentes Töne liefert, die in einem harmonischen, d. h. angenehm klingenden Verhältnis zueinander stehen, wenn sich die Längen der Töne der Saitenabschnitte durch kleine ganze Zahlen (< 7) ausdrücken lassen. Auf dieser Erkenntnis wurde nicht nur ein Tonsystem aufgebaut, sondern die Deutung der Harmonie durch einfache Zahlenverhältnisse wurde auf alle möglichen Gebiete übertragen und selbst zur Erklärung des Aufbaus der Sternenwelt herangezogen, wie uns dies auch bei KEPLER entgegentrat.

Wir wollen einen Augenblick das pythagoräische Tonsystem betrachten, weil hier deutlich wird, wie schnell die durch die Forderungen der Praxis notwendig werdenden Modifikationen eine Entfernung von dem anfänglich sehr einfachen Prinzip bewirken können. Allerdings sehen wir dabei die Tonhöhe nicht als durch die Saitenlänge, sondern im Anschluß an GALILEI als durch die Anzahl der Schwingungen der Saite pro Sekunde charakterisiert an.

Die Grundlage der pytagoräischen Stimmung ist die Quinte, bei der die Schwingungszahl 3/2 mal so groß wie beim Ausgangston ist, außerdem nimmt man, wenn auch nicht ursprünglich, die Oktave mit dem Schwingungszahlverhältnis 2 : 1 hinzu. Schon bei der Bildung eines so wichtigen Intervalls wie der Terz treten Komplikationen auf. Vier Quintenschritte aufwärts ergeben, in die Grundoktave zurück projiziert, die Schwingungszahl $(3/2)^4(1/2)^2 = 81/64$. Bei einem so harmonischen Intervall wie der Terz sollte man ein durch *kleine* ganze Zahlen ausdrückbares Schwingungszahlverhältnis erwarten. In der Tat liegt der genannte pythagoräische Wert nahe bei $80/64 = 5/4$. Das durch dieses einfache Schwingungszahlverhältnis festgelegte Intervall, das also etwas kleiner als die pythagoräische Terz ist, nennt man die *reine* (große) Terz.

In der sogenannten natürlichen Stimmung (auch reine Stimmung genannt), ist einer möglichst großen Anzahl von Ton-Intervallen ein *einfaches* Schwingungszahlverhältnis zugrunde gelegt, z. B. der großen Terz eben 5/4 und nicht 81/64 wie in der pythagoräischen Stimmung. Der konsequente Ausbau dieses Systems führt aber zu Schwierigkeiten durch die große Anzahl der benötigten Tonstufen (z. B. cis neben des usw.), wenn eine Modulation durch alle Tonarten möglich sein soll, wie es die neuere Musik erfordert. Dies würde eine praktisch nicht tragbare Vergrößerung für Instrumente mit festen Tönen, z. B. Tasteninstrumente, bedeuten. Gelegentlich sind solche Instrumente für Versuchszwecke gebaut worden, etwa das HELMHOLTZsche Harmonium oder das noch größere von C. EITZ mit 104 Tonstufen in der Oktave bei $4^1/_2$ Oktaven Tonumfang.

Den Ausweg brachte bekanntlich die gleichbleibend temperierte Stimmung von ANDREAS WERKMEISTER (1701). Bei ihr ist die Oktave das einzige Intervall, welches genau das Schwingungszahlverhältnis der natürlichen Stimmung beibehält, in zwölf gleichgroße Halbtonschritte $\left(\sqrt[12]{2} = 1{,}059\right)$ geteilt. Es gibt also innerhalb eines Ganztonschrittes nur *einen* Halbton (z. B. cis = des). Die relative Lage einiger Intervalle bei verschiedener Stimmung ist in Abbildung 4 dargestellt. Die zwölfstufige gleichschwebende temperierte Stimmung, die durch BACHS „Wohltemperiertes Klavier" stark propagiert wurde, ist heute „prinzipiell" ausschließlich in Gebrauch.

Unser Problem verbirgt sich hinter dem Wort „prinzipiell", Klaviere und andere Instrumente werden zwar gleichschwebend gestimmt; aber eine mit elektronischen Hilfsmitteln durchgeführte Untersuchung von Konzertflügeln, die für öffentliche Konzerte von besten Stimmern gestimmt wurden, ergab starke Abweichungen (bis zu 1 %) vom Sollwert der gleichschwebenden Stimmung. Die Stimmer gaben übereinstimmend an, daß sie bewußt die Oktaven — also das einzige noch reine Intervall — in den höheren Lagen zu hoch stimmten (wegen der Brillanz des Spieles!), aber sonst gleichschwebend stimmten, insbesondere keine Tonartenunterschiede herausarbeiteten. Dennoch zeigte sich, daß auf die schwarzen Obertasten im Mittel mehr zu tiefe Intervalle entfielen als auf die weißen und, da Akkorde mit zu tiefer

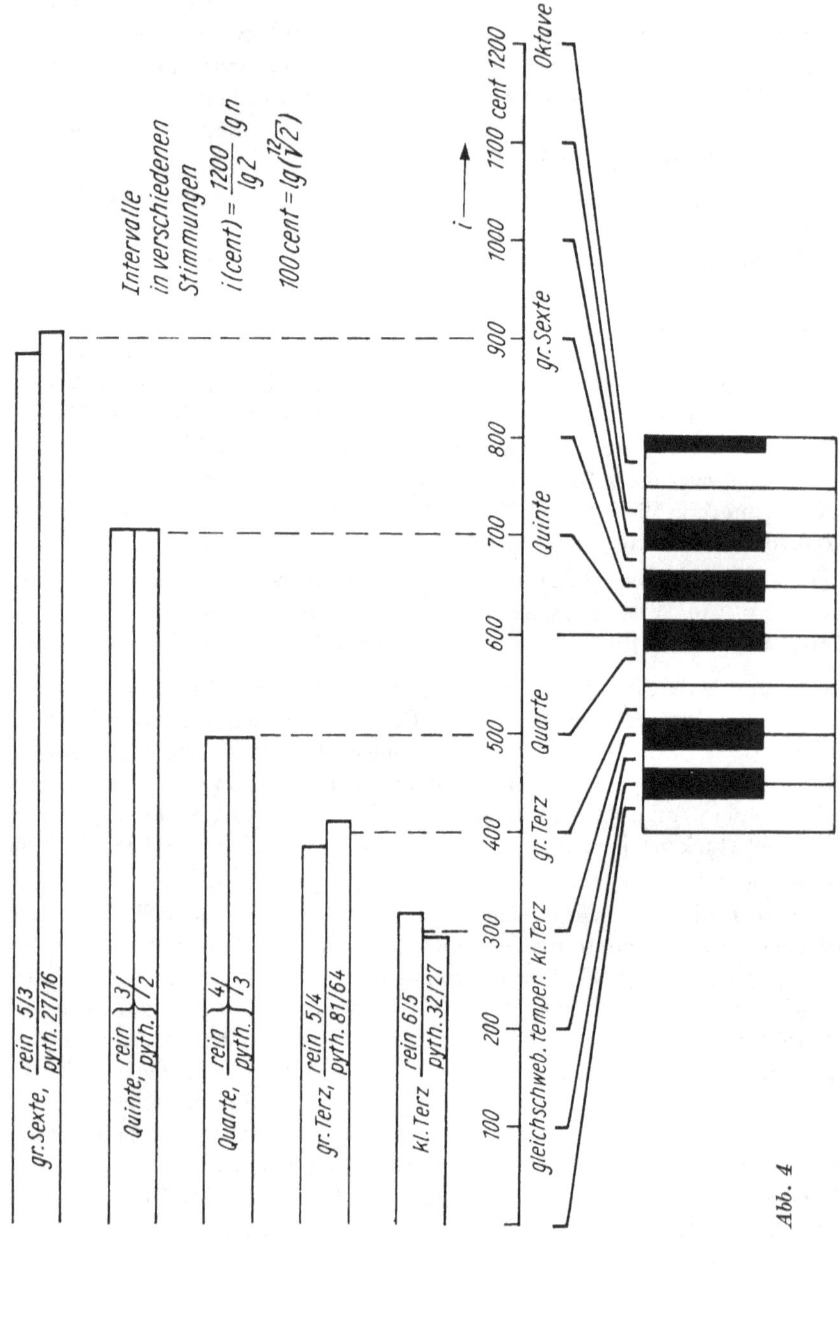
Intervalle
in verschiedenen
Stimmungen
$i(\text{cent}) = \frac{1200}{\lg 2} \lg n$
$100\,\text{cent} = \lg(\sqrt[12]{2})$
gr. Sexte, rein 5/3, pyth. 27/16
Quinte, rein, pyth. 3/2
Quarte, rein, pyth. 4/3
gr. Terz, rein 5/4, pyth. 81/64
kl. Terz, rein 6/5, pyth. 32/27
i
100
200
300
400
500
600
700
800
900
1000
1100 cent 1200
gleichschweb. temper. kl. Terz
gr. Terz
Quarte
Quinte
gr. Sexte
Oktave

Abb. 4

Terz *und* Quinte als dunkel und weich empfunden werden, solche mit zu hohen Terzen und Quinten dagegen als strahlend, wirkte z. B. fis-Dur (nur Obertasten) weich gegen das strahlende c-Dur. Eine mit elektronischen Hilfsmitteln auf $^1/_2$% genau hergestellte wirklich gleichschwebende Stimmung ergab in allen Tonarten sehr saubere, weiche Tonverbindungen, aber keinerlei Tonartenunterschiede.

Wenn nun die gleichschwebend temperierte Stimmung in der Musikpraxis selbst bei Tastinstrumenten nicht die überragende Rolle spielt, wie oft angenommen wird, so liegt das nicht etwa daran, daß der Mensch die einfache „natürliche" Stimmung eben doch bevorzugt und auch bevorzugen sollte, sobald keine Notwendigkeit zur Benutzung der gleichschwebenden Stimmung besteht, etwa bei Streichmusik oder Gesang: ein Standpunkt, den z. B. HELMHOLTZ nachdrücklich vertreten hat.

Die Musikpraxis verfährt aber anders. Da ich von PLANCK wußte, daß er auf dem HELMHOLTZschen und dem EITZschen Harmonium Musik in der natürlichen Stimmung gespielt und deren Bedeutung für die Musikpraxis studiert hat [1 e], bat ich ihn vor Jahrzehnten um Mitteilung seiner Ansicht zu dieser Frage. Er faßte sie so zusammen: „Ich bin überzeugt, daß HELMHOLTZ niemals Musik in natürlicher Stimmung gehört hat, außer auf seinem Harmonium. Die natürliche Stimmung, so interessant sie ist, bleibt stets Theorie. Mit der praktischen Musik hat sie nichts zu tun."

Diese Auffassung wurde durch viele mit elektronischen Hilfsmitteln durchgeführte Untersuchungen bestätigt, z. B. durch Schallplattenaufnahmen des Variationensatzes aus HAYDNS Kaiserquartett, von sechs verschiedenen Streichquartetten gespielt. Die Bestimmung der genauen Größe der Intervallschritte ergab [10] bei allen Aufnahmen starke Abweichungen von der gleichschwebenden Stimmung, interessanterweise aber in den Fällen, wo sich diese stark von der natürlichen unterscheidet (große Terzen und große Sexten) nicht auf diese zu, sondern gerade von ihr weg (und auf die pythagoräische Stimmung zu). Hier liegt also keine Erziehung zu den gleichschwebenden Intervallen vor, und die „natürlichen" wirken nicht besonders anziehend.

Auch der langjährige Leiter des als besonders rein singend bekannten

Zur Abb. 4. Einige musikalische Intervalle in verschiedenen Stimmungen. Das Intervallmaß i ist dem Logarithmus des Schwingungszahl-Verhältnisses n proportional. (Für die Grenze des Tonunterscheidungsvermögens des Ohrs wird bei 1000 Hertz etwa 0,3% entsprechend 5 cent angegeben; so groß ist z. B. der Unterschied zwischen gleichschwebend temperierter und pythagoräischer kleiner Terz).

Dresdner Kreuzchors, Professor R. MAUERSBERGER, bestätigte mir, daß dieser selbst bei a capella Gesang nicht in natürlicher Stimmung singt.

Überhaupt wird auch von ausgebildeten Sängern oft sogar unrein gesungen. Eine Untersuchung [11] ergab zum Beispiel, daß bei 25% der Töne die geforderte Tonhöhe nicht erreicht wurde, bei den übrigen 75% nur während eines Bruchteiles der Notendauer. Aber keineswegs empfindet man jede Abweichung von der vorgeschriebenen Schwingungszahl, d. h. jede physikalische Unreinheit, auch als musikalische.

Daß Tonhöhenschwankungen nicht als solche wahrgenommen werden, sondern als Klangfarbeneffekte, ist übrigens keine seltene Erscheinung. Die Tonhöhenempfindung ist eben keineswegs allein durch die Schwingungszahl der Schallwelle bestimmt. Dabei spielt z. B. auch die Tonstärke eine Rolle; ein Ton konstanter Höhe scheint nämlich beim Anschwellen tiefer zu werden. Ich bin nicht sicher, ob damit der folgende, den Opernpraktikern bekannte Effekt gedeutet werden kann, für den ich allerdings eine andere Erklärung noch nicht finden konnte: Wenn ein Opernchor, von hinter der Bühne kommend, diese singend betritt, muß er gegenüber dem Orchester wesentlich zu hoch — bis zu $^1/_4$ Ton, je nach Entfernung hinter der Bühne — angestimmt haben, damit im Zuschauerraum der Eindruck der Übereinstimmung besteht.

Ebenso wie die Tonhöhenempfindung nicht einfach durch die Schwingungszahl einer Schallwelle bestimmt wird, ist die Klangfarbe nicht durch das Obertonspektrum allein festgelegt, sondern wesentlich auch durch den zeitlichen Verlauf des Klanges, hinsichtlich sowohl der auftretenden Teiltöne als auch ihrer Stärke. Wichtige Erkenntnisse verdankt man auch hier der elektronischen Untersuchungsmethode. Insbesondere hat sich bei der Klangsynthese gezeigt, daß physikalisch einfache Klänge, z. B. praktisch obertonfreie, wie man sie nur mit elektronischen Geräten erzeugen kann, nicht besonders angenehm, sondern im Gegenteil sehr fade wirken, so daß man bei elektronischen Musikinstrumenten bewußt Obertöne, z. T. auch unharmonische, hinzugibt, d. h. im Interesse der musikalischen Wirksamkeit auf physikalische Einfachheit verzichten muß.

Im Rahmen dieser Ausführung kann darauf nicht näher eingegangen werden; ich hoffe aber, das über die musikalische Akustik Gesagte hat nicht nur gezeigt, daß die Praxis — auch die musikalische — der Idealisierung durch vereinfachende Annahmen enge Grenzen setzt (dies haben auch die anderen Beispiele getan, und das würden viele weitere gleichfalls tun), sondern auch, daß gerade die Feinheiten, die die besondere Schönheit einer guten Musikdarbietung ausmachen, durch das Physikalisch-Einfache nicht zu erfassen sind.

Zusammenfassung

Was zeigen die besprochenen Beispiele im Hinblick auf unser Thema?

Die Bewährung des Einfachheitsprinzips beim Auffinden neuer Gesetzmäßigkeiten bedeutet, daß es immer wieder gelingt, gar nicht einfach erscheinende Vorgänge in der realen Welt auf relativ einfache Weise mittels von Menschen ersonnener Begriffe gesetzmäßig zu verknüpfen. (So konnte, wie wir gesehen haben, die schwierige Frage nach der Abhängigkeit der Geschwindigkeit eines Planeten von seinem Sonnenabstand mit Hilfe des Begriffes des Drehimpulses durch die einfache Aussage beantwortet werden, daß die Geschwindigkeit durch die zeitliche Unveränderlichkeit des Drehimpulses festgelegt ist.)

Unabhängig von der Ursache dieser Möglichkeit ist ihre Existenz und der Glaube an sie für jeden Forscher von ausschlaggebender Bedeutung, wie das folgende Zitat aus dem genannten Buch [2] von EINSTEIN-INFELD unterstreichen mag: „Ohne den Glauben daran, daß es grundsätzlich möglich ist, die Wirklichkeit durch unsere theoretischen Spekulationen begreiflich zu machen, ohne den Glauben an die innere Harmonie unserer Welt, könnte es keine Naturwissenschaften geben."

Weiter hat sich gezeigt, daß zur Erreichung einfacher Gesetze wohl immer eine Idealisierung der Bedingungen notwendig ist. Eine möglichst wirksame und doch zulässige zu finden, ist natürlich einerseits eine Frage der Intuition des Forschers, aber andererseits spielt hier auch das behandelte Problem eine entscheidende Rolle. Zum Beispiel ist bei der Planetenbewegung einfach keine merkliche Reibung vorhanden, beim freien Fall gehörte die Genialität eines GALILEI dazu, von ihr abzusehen: Er gewann auf diese Weise die Kenntnis des Bewegungsablaufes bei konstanter Kraft, und das rechtfertigte die Vernachlässigung der Reibung. Wer jedoch GALILEIS Wurfparabel zur Bestimmung der Reichweite eines Geschosses benutzen wollte, würde bitter enttäuscht werden; er könnte, je nach den Bedingungen, z. B. die doppelte der wirklichen Reichweite errechnen, weil die getroffenen Vernachlässigungen im Hinblick auf diese Aufgabe ganz unzulässig sind.

Auf das Gesamtgebiet der Physik gesehen, überwiegen leider Fragestellungen der letztgenannten Art, d. h. meist ist den zulässigen Idealisierungen im Hinblick auf die Verwertbarkeit der Ergebnisse eine enge Grenze gesetzt und damit auch der Erreichbarkeit einfacher Gesetzmäßigkeiten. (Die plastische Verformung ist ein Beispiel dafür.) Es gibt Physiker, die darum solche Fragenkomplexe als unphysikalisch erklären und sie Nachbargebieten — hier etwa den Werkstoffwissenschaften — zuschieben möchten. Dies ist sicher nicht richtig, schon weil es in unserem Beispiel nicht die Aufgabe einer technischen Wissenschaft sein kann, die physikalischen Elementarprozesse der die Plastizität bedingenden Gleitvorgänge in Werkstoffen zu erforschen, eine Arbeit, die aber natürlich geleistet werden muß. Diese Auffassung ist nicht nur vom Standpunkt der Klärung physikalischer Fragen, die im Interesse der Praxis liegen, zu bedauern, sondern auch aus prinzipiellen Gründen.

Um dies deutlich zu machen, ist die letzte Beispielgruppe aus einem Randgebiet der Physik, der musikalischen Akustik, gewählt worden, zumal die zitierten Betrachtungen von PYTHAGORAS und KEPLER schon von den akustischen Harmonien bis zu denen der Sternsphären geführt haben. Freilich sehen wir heute diese Zusammenhänge sehr viel nüchterner; vielleicht sogar zu nüchtern, einseitig geworden in unserer Wissenschaft durch eine 300jährige Tradition.

Wie dem aber auch sei, unsere musikalisch-akustischen Betrachtungen haben, wenn auch nur an sehr wenigen Beispielen, gezeigt, daß einem musikalisch, also überwiegend emotional, wirksamen Klang als physikalische Entsprechung nicht eine *einfache* physikalische Größe zugeordnet werden kann. Gerade ein physikalisch kompliziert aufgebauter Reiz erweist sich als besonders wirksam. Vielleicht gilt der eingangs erwähnte Parallelismus zwischen Einfachheit und Schönheit in erster Linie für deren rational erfaßbare Komponenten wie Symmetrien, aber viel weniger bei Emotionalem. Dann läge hier eine weitere Grenze für das Einfachheitsprinzip vor, wenn auch nicht hinsichtlich seiner Rolle im physikalischen Weltbild, weil in diesem das Emotionale definitionsgemäß nicht enthalten ist.

Bedenkt man jedoch, daß im Menschen sowohl Emotionales als auch Rationales zur Wirkung gelangt, so wird die Gleichberechtigung von Vielheit, die im Emotionalen wirkt, und Einheit, nach der das Rationale verlangt, deutlich, zugleich aber auch die Gefahr, die dem ausschließlichen Streben nach Einfachheit droht.

Lassen Sie mich daher mit einem SCHILLERschen Vers aus den „Sprüchen des Konfuzius“ schließen, den HEISENBERG in seinem schönen Buch [4] „Der Teil und das Ganze“ von NIELS BOHR zitieren läßt:

Nur die Fülle führt zur Klarheit,
und im Abgrund wohnt die Wahrheit.

LITERATUR

[1a] PLANCK, M., Physikalische Abhandlungen und Vorträge, Band III, S. 258, Braunschweig 1958.

[1b] ebd., S. 374.

[1c] ebd., S. 121.

[1d] ebd. S. 392.

[1e] ebd., Bd. I, S. 435, und Vierteljahrsschrift für Musikwissenschaft **9** (1893) 418.

[2] EINSTEIN, A., und INFELD, L., Die Evolution der Physik. Rowohlts deutsche Enzyklopädie, Hamburg 1970, S. 29 u. 195.

[3] EINSTEIN, A., BORN, H. u. M., Briefwechsel 1916–1955. Kommentiert von MAX BORN, München 1969, S. 222.

[4] HEISENBERG, W., Der Teil und das Ganze, München 1969, S. 138.

[5] CASIMIR, H. B. G., Phys. Bl. **28** (1972) 482.

[6] HEISENBERG, W., Schritte über Grenzen, München 1971, S. 296.

[7] KOPERNIKUS, N., Commentariolus. Zitiert nach PERLMAN, J. S., The Atom and the Universe, Belmont/California 1970.

[8] KEPLER, J., Ges. Werke, Bd. 6. Herausgeg. v. M. CASPER, München 1939.

[9] POLANYI, M., und SCHMID, E., Naturwiss. **17** (1929) 301.

[10] NICKERSON, J. F., Journ. Acoust. Soc. **21** (1949) 593.

[11] SEASHORE, H., Psychological Bulletin Princeton 1934, 677.

SITZUNGSBERICHTE DER SÄCHSISCHEN AKADEMIE DER WISSENSCHAFTEN ZU LEIPZIG

MATHEMATISCH-NATURWISSENSCHAFTLICHE KLASSE

Band 107

Heft 1 Prof. Dr. OTT-HEINRICH KELLER, Die Homologiegruppen der Flächen 3. Ordnung 1965. 15 Seiten — 8° — M 2,30

Heft 2 Prof. Dr. FRANZ RUNGE, Grignard und die nach ihm benannte Synthese 1966. 17 Seiten — 3 Abbildungen — 8° — M 2,30

Heft 3 Prof. Dr. KARL SCHMALFUSS, Zur Kenntnis der Bodenbildung 1966. 13 Seiten — 4 Tabellen — 8° — M 1,40

Heft 4 Dr. BODO RENSCHUCH, Verallgemeinerungen des Bezoutschen Satzes 1966. 41 Seiten — 8° — M 4,50

Heft 5 Prof. Dr. med. ROLF EMMRICH, Realität und Theorie des Alterns 1966. 20 Seiten — 9 Abbildungen — 8° — M 2,60

Heft 6 Prof. Dr. WILHELM MAIER, Nichteuklidische Volumina 1967. 20 Seiten — 16 Abbildungen — 8° — M 2,80

Heft 7 Dr. LOTHAR VON WOLFERSDORF, Zur Berechnung optimaler Strategien für Spiele über dem Einheitsquadrat mit an der Hauptdiagonalen unstetigen Auszahlungsfunktionen 1968. 53 Seiten — 8° — M 5,70

Band 108

Heft 1 Prof. Dr. PAUL GÖRLICH / Dipl.-Phys. DETLEF GÜLDNER / Dr. HANS-JOACHIM POHL, „Elektronische Spektralmessung“ mit steuerbaren Photovervielfachern 1967. 12 Seiten — 9 Abbildungen — 1 Tabelle — 8° — M 2,10

Heft 2 Prof. Dr. MANFRED GERSCH, Neuroendokrinologie der Insekten 1968. 33 Seiten — 12 Abbildungen — 1 Kunstdrucktafel — 8° — M 4,—

Heft 3 Prof. Dr. HASSO ESSBACH, Die Bedeutung der Morphologie in der Heilkunde 1968. 16 Seiten — 1 Textabb. — 13 Abb. auf 8 Kunstdrucktaf., davon 11 vierfarbig — 8° — M 12,80

Heft 4 Prof. Dr. OTT-HEINRICH KELLER, Über eine Definition von S. Lefschetz in der topologischen Schnittheorie 1969. 29 Seiten — 1 Abb. — 8° — M 4,—

Heft 5 Prof. Dr. WOLFGANG TUTSCHKE, Das Reziprozitätstheorem für eine Klasse pseudoholomorpher Funktionen mehrerer komplexer Variabler 1969. 19 Seiten — 8° — M 3,30

Heft 6 Prof. Dr. WALTER BREDNOW, Vom Lavater zu Darwin 1969. 31 Seiten — 14 Abbildungen im Anhang — 8° — M 5,50

Heft 7 Prof. Dr. FRANZ RUNGE, Organische Disulfimide in Wissenschaft und Technik 1970. 24 Seiten — 2 Abbildungen — 8° — M 3,60

Band 109

Heft 1 Prof. Dr. ERICH RAMMLER, Über die Theorien der Braunkohlenbrikettentstehung. 1970. 38 Seiten — 13 Abb., davon 2 auf 2 Tafeln — 8° — M 4,—

Heft 2 Prof. Dr. WOLFGANG TUTSCHKE, Stammfunktionen komplexwertiger Funktionen 1970. 20 Seiten — 8° — M 3,70

FSC
www.fsc.org
MIX
Papier | Fördert gute Waldnutzung
FSC® C083411

Zeitfracht Medien GmbH
Ferdinand-Jühlke-Straße 7
99095 Erfurt, Deutschland
produktsicherheit@kolibri360.de